天天元氣好菌生活

活菌好菇做的
美麗健康料理

純淨無汙染的菇蕈，用其王者的健康能量
讓身體活力滿分，肥肉病菌不上身！

濱內千波推薦的菌活！

在我每天的飲食中菇類總是不缺席。
主要原因在於菇類低卡路里和富有膳食纖維的特色，
對於製作不發胖菜單來說，是再適合不過的食材了。
另外，身為菌類的菇類具有豐富的健康效用，
以及飽含了各種具有美容效果的營養素。
因此在好吃且能使身體健康的前提之下，
不妨大量地攝取菇類。想想怎麼會有這麼開心的事呢！
也就是說，在每天的飲食中都食用菇類的「菌活」正持續進行著。

這次以平時常用的鴻喜菇、雪白菇、舞菇，以及杏鮑菇為食材，
一一為大家介紹能展現出鮮美菇味的料理。
這次使用的 4 種菇類在一般超市中都很常見，
除此之外，大量使用菇類為食材，也具有兼顧荷包的好處。
正因為菇類是主角，卡路里也因此大幅降低了！
做為晚歸的晚餐，可說是相當合適。

讓我們持續使用美味的菇類進行「菌活」，來打造健康與美麗吧！

何謂菌活？

所謂的「菌活」是指透過「食用菌類」的飲食生活，以健康的方式變得更美麗、更有活力的活動。這邊所指的「菌」是指透過食用或飲用的過程，而有益於身體活動的菌類。

那麼到底有哪些「菌」呢？在我們生活的周遭，從自古以來我們所吃的醬油、味噌等調味料，到漬物、納豆、米酒，甚至是近年受到關注的鹽麴等等都包括在內。另外，平時我們吃的麵包、起司、優酪乳、啤酒或紅酒、日本酒、燒酒等酒類也都是透過菌類的力量所生產出來的東西。

說起來「菌」也是微生物的一種。所謂的微生物是指地球上用肉眼看不到的微小生物的總稱。在「菌」當中，以酵母、菇類等的「真菌」和「細菌(bacteria)」為主，而對飲食生活有幫助的細菌則以乳酸菌、醋酸菌、納豆菌等為代表。

在菌類當中，菇類是能明顯用肉眼看見，且含有100%菌(完全是由菌類組成)的唯一菌類。在菇類當中，飽含了大量對於維持我們的健康、增強免疫力，以及打造不受病毒侵害的身體而言相當重要的營養素。菇類是可以食用的菌類，因此，「食用菇類的料理」＝「菌活」。此外，在菇料理中積極地和其他菌類食材做結合，便可以期待倍增「菌活」的效果。

乳酸菌
優酪乳、起司
具整腸、預防便祕
調節免疫力的作用

麴菌
醬油、味噌、鹽麴、酒釀
增加美味
增進食慾
促進消化吸收

醋酸菌
醋
具回復疲勞、殺菌作用
預防肥胖、減鹽效果
控制血壓＆血糖值

菌活

菌類
菇類
具整腸、預防便祕
美肌效果
調節免疫力的作用

納豆菌
納豆
具血栓溶解作用
強化骨質

大期待！好美味！！
好菇道的菇類世界

鴻喜菇

特色

富含鮮味成分的麩胺酸，具彈牙嚼勁，
可搭配出多種料理而備受歡迎。

期望效果・作用

● 具抗流感病毒感染作用
● 促進胰島素分泌

雪白菇

特色

好菇道公司研發的特有菇類。
口感爽脆有嚼勁，滑嫩順口的新食感，
比較沒有菇腥味。

期望效果・作用

● 抑制動脈硬化
● 具抗流感病毒感染作用
● 促進胰島素分泌

菇類每 100g 僅約 20kcal，是熱量相當低的食材，而且幾乎不含脂肪。
每種菇類所富含的美味和食感也不盡相同。
因此不論是單一或數種菇類混合，都可以做出好吃又開心的料理。

杏鮑菇

特色

因為富有甜味且沒有菇腥味，
相當適合用來做成各種料理。

期望效果 · 作用

- 降低體脂肪
- 預防肝功能障礙
- 抑制中性脂肪的吸收
- 改善便祕
- 提升免疫力（減輕花粉症、預防感冒）

舞菇

特色

富含香氣、清脆爽口，
口感極佳。

期望效果 · 作用

- 改善壓力造成的皮膚功能降低
- 抗過敏作用

CONTENTS

濱內千波推薦的菌活！ ………… 002

何謂菌活？ ………… 003

大期待！好美味！！好菇道的菇類世界 ………… 004

菇類的活菌對身體好處多多 ………… 008

菇類的基本知識 ………… 012

常用的菇類調理用語 ………… 014

菇類 recipe 1

[鴻喜菇]

鴻喜菇的聰明使用法 ………… 017

鴻喜菇豆腐漢堡排 ………… 018

鴻喜菇豆腐溫沙拉 ………… 020

鴻喜菇豬肉黃芥末沙拉／鴻喜菇烤吐司 ………… 021

鴻喜菇拌山藥 ………… 022

豆渣鴻喜菇 ………… 023

奶油鴻喜菇歐姆蛋 ………… 024

番茄鴻喜菇歐姆蛋 ………… 025

酒燴鴻喜菇 ………… 026

醬燒鴻喜菇 ………… 027

菇類 recipe 2

[雪白菇]

雪白菇的聰明使用法 ………… 031

雪白菇巧達蛤蠣濃湯 ………… 032

法式雪白菇濃湯 ………… 033

羅勒起司菇沙拉 ………… 034

番茄花菜炒雪菇 ………… 035

雪菇茶碗蒸 ………… 036

清蒸雪菇白菜 ………… 038

白菇豆腐泥 ………… 039

明太子拌雪菇 ………… 040

雪菇豆腐的簡易和風料理 ………… 041

簡易散壽司 ………… 042

菇類 recipe 3

[杏鮑菇]

杏鮑菇的聰明使用法 ………… 047

茄子杏鮑菇陽光沙拉 ………… 048

義式杏鮑菇冷盤 ………… 050

杏鮑菇生火腿三明治 ………… 051

焗烤酪梨杏鮑菇 ………… 052

起司杏鮑菇 ………… 053

辣炒雞翅杏鮑菇 ………… 054

杏鮑菇牛肉卷 ………… 055

炸竹輪杏鮑菇 ………… 056

杏鮑菇豆腐滑蛋 ………… 058

杏鮑菇蓋飯 ………… 059

菇類 recipe 4

［ 舞菇 ］

舞菇的聰明使用法 ………… 063
舞菇煎餃 ………… 064
舞菇炒牛肉 ………… 066
舞菇雞鬆飯 ………… 067
舞菇雞肉卷 ………… 068
香煎舞菇／舞菇炒杏仁片 ………… 070
培根舞菇燕麥湯 ………… 071
韓式泡菜炒舞菇 ………… 072
味噌燉舞菇南瓜 ………… 073
舞菇豆皮壽司 ………… 074

菇類 recipe 5

［ 最喜歡的基本料理 ］

基本料理的聰明使用法 ………… 079
野菇雞肉丸子鍋 ………… 080
野菇天婦羅 ………… 082
日式野菜煮物 ………… 084
和風野菜炊飯 ………… 085
紅醬野菇燴漢堡排 with 通心粉 ………… 086
紅酒燉香雞 ………… 088
奶香野菇燉雞 ………… 089
野菇咖哩飯 ………… 090
牛肉菇菇燴飯 ………… 092
義式野菇燉飯 ………… 093

○好菇道的菇類製作過程 ………… 094

COLUMN

●以菇類的甜味做為料理的調味基底！ ………… 028
法式蘑菇丁／蒜辣橄欖油炒菇醬

●想要追加一道菜的時候 ………… 044
漬物／韓式拌菇

●便利的常備品 ………… 060
甜菇醬／美乃滋抹菇醬／味噌野菇醬／佃煮

●很適合當作下酒菜 ………… 076
法式醃漬品／醋漬品

本書的使用規則

＊菇類 100g ＝ 1 包（好菇道的包裝）。
＊材料是以方便製作的基本份量為主。
＊卡路里標示為 1 人份的數值。
＊份量標準如下：
　　1 杯＝ 200cc、200ml
　　1 大匙＝ 15cc、15ml
　　1 小匙＝ 5cc、5ml
＊本書使用功率 600W 的微波爐。
＊本書使用功率 1200W 的小烤箱。
＊建議使用不沾鍋平底鍋，方便好清理。
＊食譜中菇類名稱為好菇道公司所標示的商品名稱。
＊菇類的營養成分、相關資訊皆是參考好菇道公司的資料。

菇類的活菌
對身體的好處多多

不管是什麼種類的料理或料理方法，都能享受到菇類本身擁有的豐富鮮味。
另外，將菇類與含有蛋白質的肉類、魚貝類或大豆製品，以及富含維生素與礦物質
的青菜，一起調理的話，便能做出一道味道豐富且營養均衡的菜餚。
由於使用的是口感彈牙且低卡路里的菇類，在咀嚼的過程中能刺激飽足中樞，
更容易得到飽足感，順利降低熱量的攝取。
接下來，將為大家介紹菇類令人期待的健康效果。

利用膳食纖維清潔腸道

在我們人體的體重之中，腸內細菌就佔了1～1.5kg，其中善玉菌的數量多就代表「腸年齡是年輕的」。要使腸內年輕化就必須要借助膳食纖維，為了維持健康，一天要攝取的目標量是青菜350g、根莖類100g、水果200g，要達到這樣的攝取量是有相當難度的，不過只要留意多吃菇類，就能增加膳食纖維的攝取量。菇類當中，特別是杏鮑菇的膳食纖維量多，可有助於改善便祕的效果。另外，由於在腸道中聚集了很多的神經細胞，就連有壓力時腸胃不佳的情形，只要食用菇類增加善玉菌的數量，便能達到整頓腸內環境的效果。

維生素 B 群可增強免疫力

菇類中富含的維生素 B_2 和 B_6 是分解或合成蛋白質不可或缺的營養素。由於維生素 B 群能使由蛋白質組成的免疫細胞代謝更順暢，和菇類的組合可以說搭配得非常合宜。建議煮成火鍋或熱湯來暖和身體，具有改善腸內環境、預防感冒等效果。另外，針對流感病毒，經研究發現，食用過雪白菇和鴻禧菇的實驗鼠，其流感症狀有減輕的效果*。由於菇類中富含名為 β - 葡聚糖的營養素，其營養素具有提高免疫力、抑制病毒或病原菌增加的功能。

*日本機能性食品醫用學會第 8 屆總會（2010 年）

以低卡路里的菇類增加份量感，有效瘦身！

只靠減少食量的「過度減肥法」，或持續只吃單一種食物的瘦身法等，都會因為有損健康而無法持久。這些不正常的減肥法更會產生便祕、皮膚粗糙…等問題。減重成功的祕訣在於，除了蛋白質、維生素、礦物質等必要營養素均衡攝取外，也要兼顧美味與低卡。這種減重法最適合的食材就是菇類，它不但熱量低、也能增加飽足感。順帶一提，菇類每100g的熱量僅約20kcal，卡路里相當低，且幾乎不含脂肪。

多吃菇類可以抑制糖尿病和中性脂肪的吸收

代謝症候群與生活習慣病息息相關，其中增加罹患糖尿病的原因之一，就是造成血糖降低的胰島素功能惡化。鴻喜菇、雪白菇等菇類都因具有促進胰島素分泌的作用而備受期待[1]。另外，杏鮑菇可望有減少體脂肪[2]、抑制中性脂肪吸收的效果[3]。因此，享用大份量的肉類時，添加大量的杏鮑菇有減緩脂肪吸收的可能性。

＊1 日本菇類學會第14屆大會（2010年）
＊2「藥理與治療」vol.38-no.7 刊載（2010年）
＊3「藥理與治療」vol.36-no.9 刊載（2008年）

吃菇類降低膽固醇＝預防動脈硬化

血液中多餘的膽固醇堆積在血管內壁，是造成動脈硬化的重要原因。有效預防動脈硬化的食材就是菇類，它具有降低血液中的膽固醇、抑制動脈硬化的效果。雖說杏鮑菇、舞菇也有此效果，不過以雪白菇的效果尤佳，其抑制動脈硬化的成效備受看好＊。

＊美國營養學雜誌「Nutrition Research」刊載（2008 年）

菇類中的維生素能美麗肌膚、頭髮、指甲

要調理出好的肌膚，其根本為從食物中攝取的蛋白質，透過體內的胺基酸分解後，要能和自己肌膚中的蛋白質再合成。這個代謝的過程中，維生素和礦物質是不可或缺的，而其中，以維生素 B 群的角色更為重要。菇類是特別富含維生素 B 群的食材之一，其中維生素 B_2、B_6 對於皮膚、頭髮、指甲等蛋白質的合成佔有重要的角色。將能改善肌膚狀況的維生素 C、富含蛋白質的食材，與蘊含維生素 B 群的菇類好好做搭配，製作出營養均衡的菜單吧！

菇類的基本知識

在菇料理的食譜當中，常常會直接寫上菇類各部位的獨特名稱。
因此了解基本的名稱、處理方法等等，能使料理更加順利喔！

菇類的鮮味

菇類鮮美的主要成分是鳥苷單碳酸和麩胺酸。若鳥苷單碳酸和麩胺酸相互結合後，鮮美度將會倍增。另外，也和游離胺基酸、海藻糖等糖醇中的有機酸有關，這些都使菇類的鮮美度有著相乘的效果。

菇類上方呈帽子狀的部分，形狀有很多種。

蕈傘下方呈圓筒狀的部位，又稱為莖。

菇類的名稱 & 部位

●以杏鮑菇為例

根部

由於沒有蕈根，因此底部直接稱為根部的情形很多，舞菇也是如此。

蕈肉

蕈傘或蕈柄等內部組織的部分。

蕈摺

蕈傘內側呈放射狀的皺褶部分。

蕈根

在蕈柄前端較硬的根部。

常用的菇類調理用語

菇料理中，有其他食材不會使用到，僅用於菇類的料理用語。
為了做出更美味的菇料理，這裡要為大家詳細地解說。

切除蕈根

先將菇類切半，再將蕈根以倒 V 字形的
方式切除，比較不會造成浪費。

使用根部

沒有蕈根的菇類，直接從根部或蕈柄的
前端使用也 OK ！

蕈傘分小束

根部相連的狀態下，將菇類分小束。

用手撕開

用手撕開分條，可以增加斷面的面積，
讓味道更容易入味。

讓菇類變得更美味！

好菇道公司全年販售新鮮度極佳的菇類產品，因此最能享受到現採的鮮甜滋味。
即使不小心一次買太多的話，也可以冷藏或冷凍保存。

直接冷藏保存

未開封的話，以放在恆溫的冷藏蔬菜櫃中保存尤佳。不過還是要在一星期內使用完畢。

確實地密封保存

已開封而未用完的話，用保鮮膜緊密包住之後，放入冰箱的冷藏蔬菜櫃中保存。

分裝之後再冷凍

切成細小塊狀之後冷凍，急速降溫之下味道不會變質。另外，以每次使用的量進行分裝，取用上會比較方便。

好菇道的菇類不需水洗！

像菇類這種菌絲組成的菌絲植物碰到水，水會流進空隙當中而影響口感，香味也會跑掉。特別是像好菇道公司的菇類產品，在乾淨環境中栽培出來，沒有附著髒垢或泥土，可以安心食用。如果真的很介意，稍微噴點水再輕擦的程度就 OK ！

鴻喜菇

這是一種常見的菇類，野生的鴻喜菇會在秋天時，
生長在山毛櫸、七葉樹、楓樹等朽木或倒木上。
蕈傘的表面呈灰色，有如大理石般的紋路，而蕈柄呈直線狀。
口感極佳、甘脆有嚼勁是鴻喜菇的特色。
味道鮮美的成分為大量的麩胺酸，而野生的鴻喜菇會略帶苦味。
好菇道公司研發的鴻喜菇，是沒有特有苦味和菇腥味的品種，方便使用於各種料理中。

菇類 recipe 1

鴻喜菇的聰明使用法

1. 切除蕈根後開始進行調理！

整束直接切除蕈根的話，可能會把可以吃的部份也一併切除了。因此，先將鴻喜菇分成兩半後，再用倒 ∨ 字形切法去除蕈根，這樣效率高也比較不會造成浪費。若要挑選好的鴻喜菇就要選擇蕈柄較粗、較厚實的。

2. 要煮出鮮甜的味道就要切成細塊

將鴻喜菇切成細塊不規則狀，才能提引出鴻喜菇的甜味。特別是要煮湯時，鴻喜菇的香味會融入湯中，形成美味的湯底。因此，做為高湯或煮湯應該都能實際感受到鴻喜菇的香甜。

3. 大塊大塊地烹調享受其口感

將鴻喜菇切半，再切除蕈根之後，直接豪邁地加入料理中，可以讓口感變更好喔！大塊大塊直接拌炒或燉煮，即使是長時間的烹調也會因為蕈柄連在一起，不用擔心煮過頭變得軟爛。

4. 分成小束狀方便調理

將鴻喜菇分成適當的大小，再切成一口大小的小束狀最為常見。不但調理方便，也較好入口。另外，若將鴻喜菇一朵一朵分開，可以增加份量感。

鴻喜菇豆腐漢堡排

利用豆腐和納豆取代絞肉做出全新口感！
鴻喜菇的口感搭配上和風醬，風味極佳。
將鴻喜菇切成小丁，更能提升鮮甜風味。

材料（2 人份）

嫩豆腐…½ 塊（150g）	調味醬汁
鴻喜菇…1 包	開水…2 大匙
納豆…2 盒	酒、醬油…各 1 大匙
納豆醬汁…1 小包	砂糖…2 小匙
日本黃芥末醬…少許	太白粉水…1 大匙
柴魚片…2 g	秋葵…8 條
鹽、胡椒粉…各少許	芝麻葉…適量
太白粉…2 大匙	
沙拉油…1 大匙	

作法

1 豆腐放入耐熱容器中，微波加熱 3 分鐘，去除水分，待其散熱。

2 鴻喜菇的蕈根切除，粗略切成小丁；納豆加入包裝內附的納豆醬汁和日本黃芥末醬，混合拌勻。

3 步驟 1 的豆腐捏碎放入調理盆中，依序加入步驟 2 的材料、柴魚片、鹽、胡椒粉和太白粉，混合攪拌均勻。

4 接著分成 2 等份，整成橢圓形後，表面抹上薄薄一層太白粉（份量外）。

5 沙拉油倒入平底鍋中燒熱，放入步驟 4 的漢堡肉至兩面煎熟後，盛盤。

6 製作調味醬汁：所有材料放入平底鍋中，轉中火，煮滾後加入太白粉水勾芡。

7 將步驟 5 淋上步驟 6 的醬汁，再放上鹽水汆燙的秋葵、芝麻葉即可。

cooking point

納豆的黏性能將材料黏合在一起，即使質地柔軟也不會散開。

煎至漢堡肉水分收乾且定型，表面呈金黃色後再翻面。

鴻喜菇豆腐
溫沙拉

137
kcal

用微波爐即可速成的省時料理。
透過加熱的過程，將鴻喜菇和海帶芽的風味融入豆腐中。
使用一整塊豆腐，份量令人滿足。

材料（2人份）

嫩豆腐⋯1塊（300g）
海帶芽（乾燥）⋯5g
鴻喜菇⋯1包
青花菜⋯30g
柚子醋醬油⋯2大匙
薑末⋯1小塊份
白芝麻⋯適量

作法

1 將豆腐瀝乾水分，放在鋪有
　乾燥海帶芽的耐熱容器中。
2 將除去蕈根的鴻喜菇和青花
　菜分小束後，放在步驟1的
　豆腐上。不需蓋上保鮮膜，
　直接以微波爐加熱3分鐘。
3 取出後，淋上柚子醋醬油，
　放上薑末，最後撒上白芝麻
　拌勻即可。

cooking point

在微波的過程中，利用豆腐的
水分來蒸熟其他的食材。

鴻喜菇豬肉黃芥末沙拉

157
kcal

豬肉和鴻喜菇需汆燙。沙拉醬以
芥末籽醬搭配上醬油，相當美味！

材料（2 人份）

鴻喜菇…1 包
豬肉…100g
沙拉醬
  芥末籽醬、
  醬油、白醋
  …各 2 小匙
  砂糖…1 小匙
義大利香芹…適量

作法

1 鴻喜菇去除蕈根，分成
  小束；豬肉切成一口大
  小或切小片狀。
2 小鍋中的熱水煮滾後，
  放入步驟 1 的鴻喜菇，
  燙熟後立即撈起瀝乾。
3 步驟 2 的水再次煮滾後
  關火，放入豬肉，持續
  攪拌至熟透變色後，即
  可撈起瀝乾水分。
4 將沙拉醬的材料放到小
  碗中混合，再與步驟 3
  的豬肉混合拌勻。
5 裝盤後，撒上義大利香
  芹裝飾即可。

鴻喜菇烤吐司

219
kcal

生的鴻喜菇放在麵包上，再放入烤箱烤。
焦黃酥脆的風味與美乃滋融為一體。

材料（2 人份）

鴻喜菇…60g
美乃滋…2 大匙
鹽、胡椒粉…各少許
吐司…2 片
黑胡椒…適量

作法

1 鴻喜菇切除蕈根後，
  粗略切成小丁。
2 步驟 1 放入容器中，
  加入美乃滋、鹽、胡
  椒粉調味。
3 將步驟 2 均勻鋪在吐
  司上，放入烤箱中，
  烘烤至呈金黃色後，
  撒上黑胡椒即可。

鴻喜菇
拌山藥

滑順口感的鴻喜菇，
運用柴魚片的香氣可以做出如同
和風金針菇醬的濃郁風味！
可以搭配切細絲的山藥，
充分混合後食用。

100
kcal

材料（2 人份）

鴻喜菇…1 包
山藥…200g
醬油…1 大匙
水…50cc
柴魚片…2 g
味醂…1 大匙
太白粉水…1 小匙

作法

1 鴻喜菇去除蕈根，分成小束；山藥切細絲
  備用。
2 將步驟 1 的鴻喜菇、醬油、水、柴魚片、
  醬油和味醂加入小鍋中，蓋上鍋蓋，開中
  火煮滾後，慢慢地加入太白粉水。
3 將步驟 1 的山藥、步驟 2 盛盤即可。

cooking point

加入調味料調味後，再加
入太白粉水勾芡。

一點一點慢慢地加入太白
粉水，以拿捏濃稠度。

豆渣鴻喜菇

79 kcal

在豆渣中加入豆漿，讓口感變得圓潤柔和。
鴻喜菇、海帶絲以及起司粉彼此發揮各自的甜味。
將看起來不怎麼相配的食材組合在一起，創造出絕讚美味。

材料（4 人份）

鴻喜菇…1 包
沙拉油…1 小匙
豆渣…100g
豆漿…1 杯
海帶絲…5 g
起司粉…1 大匙
鹽…少於⅓ 小匙
起司粉、黑胡椒…各適量

作法

1 將鴻喜菇去除蕈根後，分成小束。
2 沙拉油倒入鍋子中，依序加入鴻喜菇、豆渣，以中火翻炒。
3 再加入豆漿、海帶絲混合均勻，以中火炒熟後，撒上鹽、適量起司粉和黑胡椒調味即可。

奶油鴻喜菇歐姆蛋

266 kcal

不失敗的奶油白醬，
要在加熱的鍋子中完成，再淋在歐姆蛋上。
鴻喜菇和洋蔥的甜味能夠提升醬汁的層次！

cooking point

材料（1 袋份）

●奶油白醬
鴻喜菇…1 包
洋蔥…½ 顆
奶油、麵粉…各 1 大匙
牛奶…1 杯
鹽、胡椒粉…各少許
●歐姆蛋
蛋…2 個
鹽、胡椒粉…各少許
橄欖油…少許
珠蔥（切圈）…少許

作法

1 製作奶油白醬：將鴻喜菇去除蕈根，分成小束；洋蔥切薄片備用。

2 將奶油放入平底鍋中，加入步驟 1，開中火充分炒至熟軟後加入麵粉，拌至無粉粒狀，再倒入牛奶，持續攪拌至煮滾後，加入鹽、胡椒粉調味。

3 製作歐姆蛋：蛋打散後加入鹽、胡椒粉混合均勻，倒入熱好油的平底鍋中，煎至半熟後，用筷子一面攪拌，一面讓空氣拌入蛋中。

4 關火後，將平底鍋移至濕抹布上，歐姆蛋盛盤，淋上步驟 2 做好的奶油白醬，撒上蔥花即可。

由於菇類飽含水分，在加熱的過程中即使加入麵粉或牛奶，也不會因此燒焦！

番茄鴻喜菇歐姆蛋

蛋和番茄搭配出一道色彩漂亮的料理，
是懷舊的日本洋食館風味。
這裡加入了鴻喜菇，增加番茄紅醬的口感。
歐姆蛋的軟硬度可依個人喜好進行調整。

cooking point

水煮的番茄壓得越碎，越能縮
短烹煮的時間。

材料（1袋份）

●番茄紅醬
鴻喜菇…1包
洋蔥…½顆
橄欖油…1大匙
水煮番茄（罐頭）…100g
鹽、黑胡椒…各少許
●歐姆蛋
蛋…2個
鹽、胡椒粉…各少許
橄欖油…少許
羅勒葉（撕碎）…適量

作法

1 製作番茄紅醬：鴻喜菇去除蕈根，
  分成小束；洋蔥切成1cm小丁。
2 將橄欖油倒入平底鍋中，放入步
  驟1，以中火充分炒至熟軟後，加
  入壓碎的水煮番茄，煮滾後，加入
  鹽、黑胡椒調味。
3 歐姆蛋請參照P24來製作，煎至呈
  鬆軟狀。
4 歐姆蛋盛盤，放上番茄紅醬，再撒
  上羅勒葉碎即可。

酒燴鴻喜菇

甜味和大蒜香氣，
透過紅酒，
與鴻喜菇融為一體。
不妨當作下酒菜，
感受芳醇酒香的大人味。

81 kcal

材料（2 人份）

鴻喜菇…1 包
砂糖…1 大匙
紅酒…⅓ 杯
大蒜…2 瓣
鹽、胡椒粒…各少許
巴西里…適量

作法

1 將鴻喜菇去除蕈根，分成小束備用。
2 砂糖放入平底鍋中，開中小火加熱至
　開始變色後，倒入紅酒。
3 煮滾後，加入步驟 1、完整大蒜，轉
　中火炒熟。接著加入鹽和胡椒粒，稍
　微熬煮入味。
4 盛盤，放上巴西里裝飾即可。

cooking point

砂糖開始變色後，要立即加入紅酒和鴻喜菇。

醬燒鴻喜菇

109
kcal

為表現出成品的生動感，直接將鴻喜菇切半，以中式熱炒的方式呈現！
調味簡單，享受食材本身的甜味和口感。

材料（2 人份）

鴻喜菇…2 包
芝麻油…1 大匙
大蒜（切末）…1 瓣
蠔油、醬油…各 1 大匙
砂糖…1 小匙
水…100cc
太白粉水…1 大匙
長蔥（切圈）…4cm段

作法

1 將鴻喜菇去除蕈根，切對半
  備用。
2 芝麻油倒入平底鍋中，以中
  火炒香蒜末後，加入步驟 1
  壓煎加熱。
3 再加入蠔油、醬油、砂糖、
  水，以中火煮滾後，加蓋燜
  煮約 2 分鐘。
4 最後倒入太白粉水勾芡，撒
  上蔥花裝飾即可。

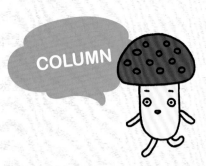

以菇類的甜味
做為料理的調味基底！

由於含有鳥苷單碳酸和麩胺酸等等，菇類成為甜味成分的寶庫。

若能善加利用這些甜味，應該就能讓各種料理變得更加美味。

這裡將為大家介紹，可當作各種料理的基底或調味料，

以及一次做出大量之後也能冷凍保存的 2 種便利調味法。

「法式蘑菇丁（Duxelles）」是法國料理的醬料或罐裝食物中不可或缺的材料。

一般都是使用蘑菇，若換成手邊的菇類，不但取得方便也能省錢！

「蒜辣橄欖油醬（Aglio e Olio）」是由大蒜或辣椒所提味的義式橄欖油醬，

加入了菇類之後，便能吃得更健康！

法式蘑菇丁

為了保持其水分，以小火慢慢翻炒。
冷凍保存備用的話，隨時皆可使用，相當方便！

材料（1袋份）

鴻喜菇…2包
杏鮑菇…200g
橄欖油…1大匙
洋蔥末…1大匙份
巴西里…少許
鹽…⅔小匙
胡椒粉…少許

作法

1 鴻喜菇去除蕈根後，和杏鮑菇一起切成碎末狀備用。
2 橄欖油、洋蔥末倒入平底鍋中，開小火慢炒。再加入步驟1的菇類，確實地翻炒。
3 待炒軟之後，加入巴西里、鹽和胡椒粉調味，關火，待其散熱。

越是耐心地慢火翻炒，越能吃出美味！

蒜辣橄欖油炒菇醬

這是義大利麵、海鮮料理中時常運用的一種醬汁，若添加了味道鮮美的菇類，風味更佳。

材料（1袋份）

舞菇…1包
杏鮑菇…100g
橄欖油…3大匙
大蒜（壓扁切碎）…1瓣
紅辣椒（切圈）…2條
鹽…⅓小匙
胡椒粉…少許

作法

1 將舞菇切成一口大小；杏鮑菇直切成薄片。
2 橄欖油倒入平底鍋中，放入大蒜和紅辣椒，開中火炒香。
3 接著加入步驟1的舞菇和杏鮑菇，炒軟後加入鹽、胡椒粉調味即可。

炒出大蒜的香氣後再加入香菇，味道便能充分融入。

雪白菇

是一種擁有鮮脆甘甜、滑嫩細緻，全新口感的菇類。
雪白菇為日本好菇道公司自行研發的產品，
是由鴻喜菇改良而成的品種，
外形與鴻喜菇相似，顏色呈白色。
沒有菇類特有的苦味，具有淡淡的甜味，
即使是不敢吃菇類的人也能方便入口。

菇類 recipe 2

雪白菇的聰明使用法

1. 幾乎沒有菇腥味 可廣泛用於各種料理中

純白的雪白菇幾乎沒有菇腥味，即使縮短烹調時間，也能接受雪白菇的本身風味。料理方式或煮或炒皆適宜，不過以快速汆燙後加入沙拉中享用的方式我特別推薦！

2. 第一件事就是 將蕈根確實切除！

與鴻喜菇相同，雪白菇也有蕈根。先將雪白菇剖半，再切成三角形去除蕈根，這是比較有效率的切法。與其他菇類不同的是，雪白菇的蕈根和本體一樣是白色的，所以要注意不要切到多餘部分。

3. 將雪白菇分成小束 是基本的使用方法

切法和分束方法跟鴻喜菇幾乎是一模一樣。首先，大致分成適當大小，再細分成一口食用的大小。先分成大塊，再依照用途切成適合的尺寸，會更好料理！

4. 做為裝飾或冷盤用途 分成一朵一朵的較方便

純白色的雪白菇對於著重色彩豐富的料理來說是相當合適的食材。將雪白菇一朵一朵地分開，雖然比較費工，但做為沙拉或湯品的裝飾是非常適合的。至於冷盤上，不會影響到醬料的色彩妝點，擺盤也較為乾淨漂亮。

雪白菇巧達蛤蠣濃湯

199 kcal

蛤蠣鮮甜的精華就在於乳白色的湯，
除了加入滿滿的菇類和蔬菜外，將牛奶換成豆漿還可增加飽足感喔！
希望呈現白色系湯品，因此這裡選擇雪白菇。

材料（2 人份）

雪白菇…1 包
洋蔥…¼ 顆
紅蘿蔔…¼ 根
馬鈴薯…1 顆
蛤蠣…250g
橄欖油…1 大匙
豌豆…20g
麵粉…1 大匙
豆漿、水…各 1 杯
鹽…⅓ 小匙
胡椒粉…少許

作法

1 將雪白菇的蕈根切除；洋蔥、紅蘿蔔、馬鈴薯各切成 1 cm的小丁。
2 蛤蠣洗淨吐沙後備用。
3 橄欖油倒入鍋中，放入步驟 1 的材料和豌豆，稍微炒過後，加蓋以中火燜煮。
4 加入麵粉炒至無粉粒感，再加水煮滾。
5 繼續煮至湯汁變濃稠後，加入步驟 2 的蛤蠣煮熟，最後加入豆漿、鹽、胡椒粉調味即可。

cooking point

先將材料翻炒一下，可充分鎖住美味。

麵粉的濃稠感，可以讓濃湯口感更滑順。

法式雪白菇濃湯

247 kcal

只要將材料放進果汁機，就能完成一道簡單又美味的湯品。
雪白菇和吐司的搭配，份量充足，非常適合當作早餐！
不論是冷湯或熱湯都相當美味。

材料（2 人份）

雪白菇…1 包
洋蔥…¼ 顆
吐司（8 片裝）…½ 片
培根…1 片
牛奶…2 杯
鹽…少於 ½ 小匙
胡椒粉、黑胡椒…各適量

作法

1 雪白菇去除蕈根後，分成小束；洋蔥粗略切丁；吐司、培根切成一口大小。
2 將步驟 1 的材料和牛奶倒入果汁機中，充分攪打均勻。
3 將步驟 2 倒入小鍋中，開中火持續攪拌至煮滾後，加入鹽、胡椒粉調味。盛碗後，撒上黑胡椒裝飾即可。

cooking point

確實地攪打至湯汁質地呈滑順狀。

羅勒起司菇沙拉

73 kcal

羅勒香氣與雪白菇的彈牙口感是這道沙拉美味的關鍵。
番茄拌入炒過的溫熱雪白菇,會稍微變軟。
即使份量多,也能一口都不剩地吃光光。

材料(2 人份)

雪白菇…2 包
番茄…1 顆
羅勒青醬…1 大匙
鹽…少許
起司粉…1 小匙
黑胡椒…少許
羅勒葉…適量

作法

1 雪白菇的蕈根切除,分
　成小束;番茄切扇形。
2 將步驟 1 的雪白菇放入
　平底鍋中,蓋上鍋蓋,
　以中小火確實燜炒至熟
　軟後,取出去除水分。
3 將步驟 1 的番茄、步驟
　2 的雪白菇、羅勒青醬
　和鹽全部混合均勻。盛
　盤後,撒上起司粉、黑
　胡椒,最後放上羅勒葉
　即可。

番茄花菜炒雪菇

82 kcal

番茄乾是番茄的美味濃縮，與雪白菇一起調理，
不需要多餘的調味也能料理出令人滿足的滋味。
另外，這道料理的鹹味恰到好處，適合當作下酒菜！

材料（2人份）

雪白菇…1包
青花菜…½顆
橄欖油…1大匙
番茄乾（切碎）…1大匙
鹽、胡椒粉…各少許

作法

1 雪白菇的蕈根切除後，分
　成小束；青花菜分小朵。
2 將橄欖油倒入平底鍋中，
　放入步驟1的材料，以中
　火炒至熟軟。
3 加入番茄乾拌炒均勻後，
　撒上鹽、胡椒粉調味。

雪菇茶碗蒸

日式茶碗蒸光是要備齊全部的食材，就令人感到相當麻煩，
不過我特製的茶碗蒸只要有蛋和甜味蔬菜即可簡單完成。
選擇口感佳的雪白菇，加上番茄醬就能變身成西式茶碗蒸喔！

材料（2人份）

雪白菇…1包
蛋…1個
冷開水…150cc
味醂…1小匙
鹽…少許
番茄醬…少許

作法

1 雪白菇去除蕈根後，分成小束備用。
2 將蛋打散，加水稀釋後，再加入味醂、鹽攪拌均勻。
3 盅杯內放入步驟1的雪白菇，再倒入步驟2的蛋汁，蓋上杯蓋（沒有杯蓋也無妨）。
4 鍋底鋪上紙巾，放上步驟3，加水至鍋子約⅓的高度，再蓋上紙巾，蓋上鍋蓋，加熱至沸騰後，轉小火續煮約5分鐘。
5 關火後，一邊觀察情況一邊以餘溫蒸熟後，擠上番茄醬裝飾即可。

cooking point

只要將蛋液充分打散，不用過篩也可以。

蒸煮前鋪上紙巾，可防止盅杯在鍋內移動。
蓋上紙巾則可避免蒸氣水滴入茶碗蒸中。

清蒸雪菇白菜

58
kcal

蓋上鍋蓋蒸煮能讓白菜和雪白菇軟嫩入味，
是一道能品嚐到大量蔬菜的美味料理。
白菜的甜味不亞於菇，感受豐富美味。

材料（2 人份）

雪白菇…1 包
白菜…400g
水…100cc
酒…2 大匙
醬油…1 小匙
鹽…½ 小匙

作法

1 雪白菇去除蕈根後，分成小
  束；白菜切成一口大小。
2 白菜、雪白菇和水一起放入
  小鍋中，蓋上鍋蓋，開中火
  燜煮。
3 煮至熟軟後淋上酒、醬油，
  再加鹽調味即可。

白菇豆腐泥

140 kcal

不需要使用研磨缽和研磨棒，用手混合均勻即可。
在豆腐醬中加入美乃滋變化口感，
再拌入雪白菇，即可享受沙拉般的好滋味！

材料（2 人份）

嫩豆腐…½ 塊
雪白菇…1 包
白芝麻粉…3 大匙
鹽…⅓ 小匙
砂糖…1 大匙
美乃滋…⅓ 小匙
水菜…少許

作法

1 豆腐以紙巾包住，輕壓去除水
  分備用。
2 雪白菇去除蕈根後分成小束，
  放入耐熱盤中，蓋上保鮮膜，
  微波加熱 1 分鐘，再撕下保鮮
  膜，去除水分後放涼備用。
3 將步驟 1 的豆腐壓碎，用手充
  分壓捏至質地滑順後，加入白
  芝麻粉、鹽、砂糖和美乃滋混
  合均勻，再加入步驟 2 的雪白
  菇大致拌勻。
4 盛盤後，擺上水菜裝飾即可。

cooking point

務必確實去除豆腐的水分，即
使稍微變形也沒關係。

明太子拌雪菇

明太子粒粒分明的口感及適當的鹽分，
均勻包覆住雪白菇，一道美味的小菜即完成了。
是突然想加一道菜時的特別推薦！

材料（2人份）

雪白菇…1包
明太子…30g
酒…2大匙
鹽…少許
珠蔥（切圈）…少許

作法

1 雪白菇去除蕈根後，分成
　小束。
2 將明太子撕除表面薄膜，
　淋上酒拌開。
3 步驟1的雪白菇放入小鍋
　中，蓋上鍋蓋，開中小火
　燜煮。
4 加入步驟2的明太子，持
　續攪拌至熟軟後，撒上鹽
　調味。
5 盛盤後，放上蔥花即可。

105
kcal

雪菇豆腐的
簡易和風料理

利用冰箱常備且取得方便的高野豆腐以及雪白菇，
完成口味清爽的煮物。
調理快速又方便，卻帶有高雅且道地風味。

材料（2 人份）

高野豆腐的醬汁包⋯1 小包
水⋯300cc
高野豆腐⋯2 塊*
雪白菇⋯1 包
鹽⋯少許
豌豆莢⋯30g

＊這裡請使用附有醬汁的高野豆
腐，可在進口超市中購得。

作法

1 醬汁包、水和高野豆腐放
　入鍋中，開中火加熱。

2 雪白菇切除蕈根，分成小
　束後加入鍋中，轉中小火
　煮約10分鐘。

3 盛盤，擺上去粗絲且用鹽
　水汆燙好的豌豆莢即可。

簡易散壽司

與平時相同,不需事先準備特定食材,即可做出美味散壽司。

這是一道色彩繽紛,可做為宴客的一道主菜。

若搭配上時令蔬菜,便能變化出各種口味。

材料（2 人份）

米…200g	蛋汁
水…240cc	┃ 蛋…1 個
雪白菇…1 包	┃ 砂糖…1 大匙
調味醋	┃ 鹽…少許
┃ 白醋…50cc	魩仔魚…10g
┃ 砂糖…1 又 ½ 大匙	紅薑（切絲）…10g
┃ 鹽…少於 1 小匙	白芝麻…1 大匙
小黃瓜…1 條	
紅蘿蔔…⅓ 條	

作法

1 將洗好的米和水倒入電子鍋中炊煮。

2 雪白菇切除蕈根，分成小束後，放在煮好的飯上蒸約 5 分鐘。

3 將步驟 2 的飯和雪白菇翻拌均勻後，放入調理盆中，加入混勻的調味醋，快速拌勻後，將飯沿著盆壁鋪平放涼。

4 小黃瓜、紅蘿蔔切成圓形薄片，撒上鹽搓揉均勻，用手擠乾水分備用。

5 製作炒蛋：將蛋打散，加入砂糖和鹽拌勻後，倒入平底鍋中，煎至蛋開始凝固後，從爐火上移開，用料理筷的筷柄處攪拌至呈鬆散碎塊狀。

6 將步驟 4、5 的配料、魩仔魚、紅薑絲和白芝麻放入步驟 3 的調理盆中，大致混拌均勻，最後盛入色彩漂亮的盤子中即可。

cooking point

利用飯的蒸氣來蒸熟雪白菇。

想要追加
一道菜的時候

· · · · · · · · · ·

當出現「能多道菜來配飯就好了！」這種想法時，
冰箱剛好有存放口味稍重的漬物或冷菜等小菜就太好了。
菇類加熱並調味後，便可以在冰箱中保存數日。
想到漬物的食材，腦中大多都會浮現小黃瓜、白蘿蔔、大白菜等等，
不過出乎意料地，菇類也是相當美味的醃漬品喔！
比起本身的嚼勁，應該更能感受到其濃縮的美味。
添加提升菇類風味的食材，當作沙拉的裝飾也很適合。

漬物

菇類的日式醃漬法是利用梅乾來做變化。
不需要其他的調味，直接切碎拌飯吃就很美味！

材料

舞菇…2 包
醃漬醬汁
　醬油、味醂
　…各 1 大匙
日本梅乾…1 個

作法

1 將舞菇切成大塊，用熱
　水汆燙後，去除水分。
2 醃漬醬汁的材料和梅乾
　放入密封容器中，再加
　入步驟 1 的舞菇醃漬入
　味。

韓式拌菇

結合芝麻、芝麻油、大蒜 3 種調味料，做出
韓式拌菜。不妨選用喜歡的菇類製作吧！

材料

杏鮑菇…100g
鴻喜菇…1 包
大蒜泥…少許
白芝麻粉…2 大匙
鹽…⅓ 小匙
黑胡椒…適量
芝麻油…2 小匙

作法

1 將杏鮑菇縱切對半後再切
　半；鴻喜菇切除蕈根後，
　分成小束備用。
2 步驟 1 的材料放入平底鍋
　中，蓋上鍋蓋，用中小火
　燜至熟軟並收乾水分。
3 加入大蒜泥、白芝麻粉、
　鹽、黑胡椒和芝麻油調味
　即可。

cooking point

用筷子拌炒
至菇類的水
分收乾。

杏鮑菇

杏鮑菇學名為「Pleurotus eryngii」，日文則將其簡稱為「eryngii」。
原產地在歐洲及北美洲，野生的杏鮑菇主要寄生在傘形科刺芹屬植物的根部上。
在日本並沒有自生的刺芹屬植物，
因此好菇道公司一般是利用獨創的栽培技術和自社研發的菌種來培育杏鮑菇。
杏鮑菇沒有菇腥味，以富有甜味且口感極佳為其特色。

菇類 recipe 3

杏鮑菇的聰明使用法

1. 因為沒有蕈根 幾乎不用處理根部！

杏鮑菇並不像鴻喜菇的蕈根，可以整株直接使用，就連最底端的部分也可以食用，因此不需要進行前處理。杏鮑菇最特別的地方就是菇摺向內收彎，菇柄呈白色硬挺狀。

2. 想切細條狀時 用手直接撕開

用手直接從杏鮑菇底部的裂痕撕開，有趣的是杏鮑菇會呈筆直長條狀，可依照用途來調整杏鮑菇的寬度。除此之外，撕開後的斷面會呈現不平滑的鋸齒狀，具有容易入味及傳熱快的優點。

3. 以厚切的方式 口感更佳

一般而言，杏鮑菇最常見的切法是切成圓片或是斜切片狀。經過長時間加熱的情況下形狀還是能完整保留，盛盤後看起來比較豐盛。

4. 不同的切法 感受不同的口感

杏鮑菇的魅力就在於爽脆的口感和彈牙的嚼勁。若切成薄片，有類似肉片的口感，而切成圓片又像貝柱的口感。做為替代食材來使用，可以降低料理整體的熱量。

茄子杏鮑菇
陽光沙拉

116 kcal

以橄欖油炒香的杏鮑菇和紅甜椒，加上檸檬汁和起司粉，
搖身一變成為南義大利風味的沙拉料理。
容易變色的茄子加熱後泡入冷開水中，便能維持漂亮的色澤。

材料（2 人份）

杏鮑菇…100g
紅甜椒…½ 條
橄欖油…1 大匙
日本茄子…2 條
鹽、黑胡椒…各少許
起司粉…1 大匙
檸檬…適量

作法

1 杏鮑菇縱切成 2～3 等份；紅甜椒切粗條狀
  備用。

2 橄欖油倒入平底鍋中，放入步驟 1 的材料，
  以中火煎至焦香上色。

3 將茄子去蒂放入耐熱容器中，蓋上保鮮膜，
  微波加熱約 4 分鐘。取出後立即撕下保鮮
  膜，泡入冷開水中保持色澤，再用手稍微擠
  乾水分，切成大塊狀。

4 將步驟 2、3 的材料盛盤，撒上鹽、黑胡椒
  和起司粉，擠上檸檬汁即可。

義式杏鮑菇冷盤

90 kcal

Carpaccio 是以生牛肉或新鮮的海鮮為基底的義式冷盤料理。
這裡以杏鮑菇薄片代替肉類排列盛盤,成為一道健康十足的料理。
豪邁地撒上大量帕瑪森起司,風味更加道地!

材料(2 人份)

杏鮑菇…200g
橄欖油…1 大匙
鹽…½ 小匙
喜歡的香草…適量
巴沙米可醋…1 大匙
帕瑪森起司(粉)…1 小匙
黑胡椒…適量

作法

1 杏鮑菇縱切成薄片,整齊排
　入平底鍋中,倒入橄欖油,
　撒上鹽,煎熟至金黃上色。
2 將步驟 1 的杏鮑菇整齊盛入
　盤中,擺上香草。
3 淋上巴沙米可醋,再撒上帕
　瑪森起司粉及黑胡椒即可。

cooking point

若能事先在鍋中抹上橄欖油,
即可縮短煎製的時間。

杏鮑菇生火腿三明治

284 kcal

運用彈牙口感與肉類相似的杏鮑菇，
做成富有嚼勁的三明治。
生火腿和羅勒青醬共譜出一場優雅的味覺饗宴。

材料（2 人份）

杏鮑菇…100g
美乃滋…1 大匙
鹽、胡椒粉…各少許
吐司（12片切裝）…4 片
羅勒青醬…2 大匙
起司片…2 片
生火腿…6 片
黑胡椒…少許
貝比生菜（baby leaf）…適量

作法

1 杏鮑菇縱切成薄片，整齊排入平底鍋
中，一邊均勻沾裹上美乃滋，一邊用中
火煎至呈金黃色後，撒上鹽和胡椒粉。

2 吐司內側塗上羅勒青醬，依序夾入起司
片、生火腿、步驟 1 的杏鮑菇，撒上黑
胡椒，做成三明治，表面再擺上貝比生
菜即可。

焗烤酪梨杏鮑菇

214 kcal

烤過的酪梨口感圓潤滑順，味道更為濃郁，
搭配上口感相異且嚼勁佳的杏鮑菇，形成無衝突感的美味。
起司和番茄醬將整道料理的味道完美調理在一起。

材料（2人份）

杏鮑菇（大）…2條
酪梨…1個
莫札瑞拉起司…½個（約50g）
番茄醬…100g
鹽、黑胡椒…各少許

作法

1 將杏鮑菇和酪梨切成相同大
小的薄片。
2 杏鮑菇和酪梨片交錯排列在
鋪好鋁箔紙的烤盤上，表面
鋪上撕成小塊的莫札瑞拉起
司，均勻撒上鹽，加上番茄
醬，再撒上黑胡椒調味。
3 放入預熱好的小烤箱中，烘
烤約7～8分鐘，至起司金
黃上色即可。

cooking point

番茄醬要均勻加入，以免味道
不均。

起司杏鮑菇

96 kcal

乍看之下像是完整的杏鮑菇，事實上有切開稍做處理，烘烤即可！
我認為像這種充滿驚奇與玩心的料理也是相當有魅力的。
杏鮑菇薄片中夾著的起司，融化之後會稍微流出。

材料（2人份）

杏鮑菇…200g（約4條）
鹽…⅓ 小匙
起司（會融化的）…40g
黑胡椒…適量
番茄醬、芥末籽醬…各適量

作法

1 杏鮑菇每條縱切成 3 等份，
　表面撒上鹽。
2 杏鮑菇片如三明治般夾入起
　司，組合成原來的形狀，用
　鋁箔紙包起來。
3 放入預熱好的燒烤盤或烤箱
　中，烘烤約10分鐘。中途
　打開觀察狀況，如果起司融
　化，且杏鮑菇熟軟即可。
4 連同鋁箔紙一起盛盤，打開
　後撒上黑胡椒，擺上番茄醬
　或芥末籽醬等喜歡的沾醬。

cooking point

在切好的杏鮑菇中間夾入起司，融化後具有黏著的功能，烤好後就能保持杏鮑菇原來的形狀。

辣炒雞翅杏鮑菇

231 kcal

將雞肉的甜味融入杏鮑菇的同時，
用平底鍋炒出辣椒和大蒜的風味。
最後淋上的白酒，更能提升料理的層次。

材料（2人份）

杏鮑菇…100g
雞翅…4支
鹽…⅓小匙
胡椒粉…少許
太白粉…1大匙
橄欖油…1大匙
大蒜末…1瓣份
乾辣椒（切半）…1條
白酒…3大匙
義大利香芹…適量

作法

1 杏鮑菇縱切成薄片。

2 將雞翅切半分開雞翼與雞身，再對半剖開，撒上鹽、
   胡椒粉調味，切面沾裹上薄薄一層太白粉。

3 橄欖油倒入平底鍋中，雞肉切面朝下放入鍋中，以中
   火略煎後，再加入大蒜末、紅辣椒一起煎至上色。

4 淋上白酒，放入杏鮑菇，煎熟後盛盤，再放上撕小片
   的義大利香芹即可。

cooking point

雞翅切半後再剖對半。

雞肉的切面沾裹上太白粉，煎
製時可鎖住肉汁不流出。

杏鮑菇牛肉卷

233
kcal

猶如串燒店般，用竹籤串起牛肉和杏鮑菇，方便食用！
只需鹽、胡椒粉調味。美味的最大關鍵在於表面塗上芝麻油。
可做為下酒菜或是戶外餐點之一。

材料（2人份）

杏鮑菇…100g
牛肉片…100g
鹽、胡椒粉…各少許
芝麻油…1大匙
七味粉…適量
高麗菜…50g

作法

1 杏鮑菇縱切對半，再切成2等份。
2 將步驟1的杏鮑菇用牛肉片包捲起來，以竹籤串起後，撒上鹽、胡椒粉調味。
3 表面塗上芝麻油，放入預熱好的燒烤盤或烤箱中，烘烤約10分鐘。
4 盛盤，撒上七味粉，擺上切小片的高麗菜即可。

炸竹輪杏鮑菇

264 kcal

竹輪夾入杏鮑菇，完成份量滿點的炸物。
運用食材本身的味道，不加其他調味，單以檸檬提味就足夠了。
最後包捲起來的海苔片，是口感升級的必備食材。

材料（2人份）

杏鮑菇…100g
烤海苔…1片
竹輪…4條
麵粉…2大匙
水…2大匙
麵包粉…適量
炸油…適量
檸檬…¼個

作法

1 杏鮑菇縱切成4等份；烤海苔切成4小片。
2 竹輪側邊剪開，夾入杏鮑菇，放在海苔上，依序完成4份。
3 將海苔兩側提起包住竹輪，依序沾裹上拌勻的麵粉水和麵包粉。
4 油鍋加熱至中油溫，放入步驟3，油炸至金黃上色後，撈起瀝乾油分。
5 盛盤後，擠上檸檬汁即可。

cooking point

用手提起海苔兩側，在沾裹麵衣時會比較方便。

杏鮑菇豆腐滑蛋

119 kcal

杏鮑菇配合豆腐的大小切成圓塊，
搭配上鬆軟的滑蛋，享受不同口感的樂趣。
完成後撒上柴魚片，瞬間呈現日式風味。

材料（2人份）

豆腐…½塊
杏鮑菇…100g
沙拉油…少許
醬油…1小匙
鹽、胡椒粉…各少許
蛋…1個
柴魚片…適量

作法

1 豆腐切成一口大小，放入耐熱容器中，蓋上保鮮膜，微波加熱約3分鐘，取出後去除水分。

2 杏鮑菇切成 7～8 mm 厚的圓塊。

3 將步驟1的豆腐整齊排入平底鍋中，以中火煎至金黃上色後，撒上鹽、胡椒粉調味，盛出備用。

4 沙拉油倒入平底鍋中，放入杏鮑菇略拌炒，撒上鹽、胡椒粉，再加入步驟3煎好的豆腐，鍋邊淋圈醬油，充分拌炒入味。

5 將蛋打散後，在鍋中淋一圈，撒上柴魚片，大致翻拌即可。

杏鮑菇蓋飯

杏鮑菇以味噌口味醬汁煮出甜辣風味，盛在白飯上即可！
作法簡單，卻能做出不可思議的迷人美味。
同時照顧到荷包，也是這道料理的魅力之一！！

材料（2 人份）

杏鮑菇…200g
長蔥…½ 根
蓋飯醬汁
　味噌、水…各 3 大匙
　砂糖…2 大匙
　酒…1 大匙
沙拉油…1 小匙
白飯…400g
芝麻…1 小匙
珠蔥（切圈）、七味粉…各適量

作法

1 杏鮑菇斜切成一口大小的片狀；長蔥斜切小段。
2 將蓋飯醬汁的材料混合均勻。
3 沙拉油倒入平底鍋中，放入步驟 1 的材料，煎炒上色。接著倒入步驟 2 的醬汁煮滾。
4 將步驟 3 連同湯汁鋪蓋在盛好的白飯上，撒上芝麻、蔥花、七味粉即可。

便利的常備品

最能夠應急的莫過於常備菜等保存食品了。
由於是調整成口味稍重之後再加熱，
在長時間保存下，濃縮住食材的美味。
這時若使用了豐富美味的菇類，
就可以在少量調味的情形下做出十分美味的料理。
保存食除了和風和西式以外，還有相當多的種類可選擇，
這裡將為大家介紹平時常用的 4 種，
包括能塗在吐司上的果醬和抹醬，或是很下飯的常備菜等等，
都是平時能做好備用保存的料理。

甜菇醬

鴻喜菇和雪白菇切分小塊
煮至入味即可！

材料

雪白菇…1 包
鴻喜菇…1 包
砂糖…6 大匙
白醋…1 大匙

作法

1 雪白菇和鴻喜菇切除蕈根，切成小塊備用。

2 將步驟 1 的材料、砂糖和醋放入小鍋中，蓋上鍋蓋，小火煮至冒出蒸氣後，掀蓋繼續熬煮至入味。

美乃滋抹菇醬

感覺就像佐料很多的沾醬。
除了沾麵包之外，搭配蔬菜味道也很搭喔！

材料

鴻喜菇…200g
美乃滋…4大匙
起司粉…1大匙
鹽、胡椒粉…各少許
粉紅胡椒粒…適量

作法

1 鴻喜菇切除蕈根，切成細塊，放入耐熱容器中，微波加熱約3分鐘。
2 待其散熱後，加入美乃滋和起司粉拌勻，再撒上鹽、胡椒粉調味，最後加上粉紅胡椒粒即可。

味噌野菇醬

菇類切細碎，做出甜中帶辣的味噌風味。
可以加入蔬菜中或放在豆腐上等任意搭配。

材料

鴻喜菇…1包
舞菇…1包
味噌…少於2大匙
砂糖…1又⅓大匙
酒…1大匙
薑末…1小塊份
芝麻…1大匙

作法

1 將鴻喜菇和舞菇去除蕈根後，切成細碎狀。
2 味噌和砂糖加入酒中，拌至無粉粒狀後備用。
3 步驟1、2的材料放入小鍋中，加蓋以中火燜煮。
4 煮至熟軟後掀蓋，加入薑末、芝麻拌勻，繼續煮至酒精完全揮發即可。

佃煮

是令人懷念的古早味。
因為是自製品，可以自行調整成喜歡的口味。

材料

鴻喜菇…1包
舞菇…1包
煮汁
　醬油、酒、味醂
　…各2大匙

作法

1 鴻喜菇去除蕈根後，剝小塊；舞菇切成粗末。
2 煮汁的材料與步驟1一起放入小鍋中，開中火煮至酒精完全揮發即可。

舞菇

舞菇主要生長的範圍分布在暖溫帶至溫帶北部地區。
舞菇香氣足、口感香脆為其最大的特色。
好菇道公司的舞菇是依照野生的舞菇型態,利用栽培技術重現出來的。
有一說法是,因為野生舞菇珍貴且美味,因此發現它的人們不禁會開心地手舞足蹈,
故命名為「舞菇」,表達它美味的程度。

菇類 recipe 4

舞菇的聰明使用法

1. 選擇肉質厚實、菇傘較大的

挑選舞菇時,要選擇菇傘大且肉質厚實的。好菇道的舞菇乍看之下,有如高級天鵝絨般的肉質。因此,咀嚼時更能品嚐到舞菇本身的豐富美味。

2. 由於沒有蕈根可以整株使用

與杏鮑菇相同,舞菇也沒有蕈根需要處理。以水清洗的話會破壞舞菇的味道,因此不需清洗直接使用是舞菇的魅力所在。由於舞菇幾乎沒有前處理的步驟,因此可以大幅節省料理的時間。

3. 不需使用菜刀和砧板相當方便!

舞菇可以整株直接用手分開,再用手剝成需要的大小,便完成料理的準備了。之後也不用再做其他的處理,非常地省事。順帶一提,與市面上剝好分裝的舞菇相比,其美味度會有明顯的差異。

4. 用手撕開更容易入味

用手撕開的斷面呈現不平滑的鋸齒狀,因此更容易烹調入味。黑色汁液是舞菇的色素(多酚),由於富含對身體有益的成分,建議連同汁液一起食用。如果很介意顏色的話,可以事先汆燙後再使用。

舞菇煎餃

可做為下酒菜或是配菜，是大家都喜歡的基本料理。

餡料中加入大量的舞菇，不僅健康，搭配上肉汁更有飽足感。

煎好之後淋上芝麻油的香味，更能提升食慾。

材料（2人份）

舞菇…1包
豬絞肉…100g
鹽…⅓小匙
胡椒粉…少許
餃子皮…12片
芝麻油…1大匙
檸檬…½顆

作法

1 將舞菇粗略切丁狀。
2 豬絞肉放入調理盆中，加入鹽、胡椒粉調味，再加入舞菇，用手充分抓揉均勻。
3 將步驟2的餡料包入餃子皮中，完成12個。
4 再整齊排入平底鍋中，倒入100cc的熱水，加蓋以中火燜煎。
5 待水分收乾後，淋上芝麻油，煎至底皮呈金黃酥脆。
6 盛盤，擺上檸檬即可。

cooking point

舞菇和豬絞肉要一直抓揉至出筋有黏性為止，味道才能融合在一起。

舞菇炒牛肉

192
kcal

多汁的牛肉和舞菇一直翻炒到充分入味。
炒出香氣且不燒焦是最大的重點。
醬汁滲入白飯中，非常下飯且美味，適合做為便當配菜。

材料（2人份）

舞菇…1包
牛肉…100g
鹽…⅓小匙
胡椒粉…少許
芝麻油…1小匙
七味粉…適量

作法

1 舞菇切成大塊；牛肉切成一
  口大小。
2 舞菇取半量鋪入調理盆中，
  再依序放上牛肉、剩下的舞
  菇，靜置備用。
3 將牛肉、舞菇分開，牛肉撒
  上鹽、胡椒粉調味。芝麻油
  倒入燒熱平底鍋中，放入牛
  肉，拌炒至變色後取出。
4 舞菇放入平底鍋中，炒熟上
  色後，加入步驟3的牛肉，
  充分拌炒均勻。
5 盛盤，撒上七味粉即可。

cooking point

舞菇的強效分解酵素功能，能
讓牛肉肉質變軟嫩。

舞菇雞鬆飯

387 kcal

添加了舞菇的雞鬆，
是可以單吃或拌飯吃的極品料理！

材料（2 人份）

舞菇…1 包
雞絞肉…100g
煮汁
　酒、醬油、砂糖
　…各 1 大匙
白飯…約300g
紅薑（切絲）…適量
珠蔥（切圈）…3 條
白芝麻…1 小匙

作法

1 舞菇切小塊，和雞絞肉一起抓揉均勻。
2 煮汁的材料放入小鍋中混合均勻。
3 加入步驟 1 的材料，用中火煮熟呈碎塊狀，且湯汁收乾的程度。
4 白飯盛入碗中，放上步驟 3，再搭配上紅薑絲、蔥花和白芝麻即可。

cooking point

為了讓舞菇和雞肉味道混合在一起，務必要抓揉均勻。

為了蒸散水分，用筷子小範圍拌動至雞肉變色。

舞菇雞肉卷

365 kcal

舞菇用雞肉捲起，短時間內就能做出豪華的主餐了。
經由煎製與蒸煮 2 個步驟，讓舞菇和雞肉的美味交疊在一起。
切片後的斷面俐落又漂亮，精緻感十足。

材料（2 人份）

舞菇…1 包	水煮番茄（罐頭）…200g
雞腿肉…1 塊	黑橄欖…3 顆
調味	紅心橄欖…3 顆
鹽…½ 小匙	鹽…少許
胡椒粉…適量	黑胡椒…適量
橄欖油…適量	檸檬…⅛ 顆
洋蔥（切末）…½ 顆	

作法

1 舞菇分成大塊；雞肉切成片狀並攤開，抹上鹽、胡椒粉調味。

2 雞肉中央放上舞菇後包捲起來，以綿線綁住固定。

3 橄欖油倒入平底鍋中，放入步驟 2，煎至表面焦香上色後取出。

4 洋蔥末放入平底鍋中略拌炒後，加入步驟 3 的雞肉卷。

5 接著加入用手捏碎的水煮番茄和橄欖，蓋上鍋蓋，用中火燜煮約 10 分鐘。中途掀蓋稍微翻面後，加鹽調味。

6 將步驟 5 的雞肉卷切成圓片狀，連同湯汁一起盛盤，撒上黑胡椒，擺上檸檬即可。

cooking point

為了不讓舞菇掉出來影響美味度，要在肉的中央排成細條狀再捲起。雞肉兩側也要確實地緊密包捲起來。

用綿線等距綁起，最後用力拉緊。

香煎舞菇

86 kcal

這是料理初學者也能零失敗的料理。
起司粉的香氣是提味的重點。

材料（2 人份）

舞菇…2 包
橄欖油…1 大匙
鹽、胡椒粉…各少許
起司粉…1 大匙

作法

1 舞菇分成大塊備用。
2 橄欖油倒入平底鍋中，放入步驟 1 的舞
　菇，以中火煎熟至焦香上色。
3 撒上鹽、胡椒粉和起司粉，盛盤即可。

舞菇炒杏仁片

142 kcal

舞菇用白酒、芥末籽醬調味，風味更佳。
杏仁片事先炒過，香氣 UP ！

材料（2 人份）

舞菇…2 包
沙拉油…1 大匙
杏仁片…20g
鹽…⅓ 小匙
白酒…1 大匙
芥末籽醬…1 小匙

作法

1 舞菇分成大塊，放入熱好油的平底鍋中，
　略拌炒後取出。
2 杏仁片放入平底鍋中，炒至金黃上色。
3 加入步驟 1 的舞菇，用鹽、白酒調味，以
　中火拌炒，再加入芥末籽醬快速翻拌均勻
　即可。

培根舞菇燕麥湯

100 kcal

舞菇和燕麥的膳食纖維都相當豐富，
可促進腸胃的蠕動。

材料（2 人份）

舞菇…1 包
培根…1 片
水…2 杯
燕麥（乾燥）…30g
鹽、胡椒粉…各少許
巴西里末…適量

作法

1 舞菇分成小束；培根切細碎。
2 將步驟 1 的食材放入小鍋中，用中火拌炒均
　勻。
3 加水煮滾後，加入燕麥煮約15分鐘，用鹽、
　胡椒粉調味，再撒上巴西里末即可。

韓式泡菜炒舞菇

63 kcal

利用白菜泡菜,便能在短時間內煮出韓風料理。
舞菇除了豆芽菜、長蔥外,加入冰箱裡剩下的蔬菜也 OK!
辛辣口味能將蔬菜的甜味突顯出來,食慾不振時相當推薦這道料理。

材料(2 人份)

舞菇…1 包
長蔥…1 條
豆芽菜…約200g
白菜泡菜…50g
水…50cc
醬油…1 大匙
芝麻…1 小匙
七味粉…適量

作法

1 舞菇分成大塊;長蔥斜切小段備用。
2 將步驟 1 的材料、豆芽菜、白菜泡菜和水放入小鍋中,加蓋以中火燉煮。
3 煮至熟軟後,以醬油調味。盛盤後,撒上芝麻和七味粉即可。

味噌燉舞菇南瓜

181
kcal

這是一般南瓜煮物的變化款料理。
搭配上舞菇，用味噌燉煮，更能展現南瓜的甘甜。
不論是當熱食或冷盤都相當美味喔！

材料（2人份）

舞菇…1包
南瓜…300g
煮汁
│ 味噌…2大匙
│ 水…適量
薑泥…1小塊份

作法

1 南瓜去籽後，與舞菇一起切成一口大小備用。
2 步驟1的食材放入小鍋中，味噌用水邊拌開邊倒入，再倒水蓋過食材。
3 開火煮滾後，轉中火燉煮至湯汁收乾。
4 盛盤，放上薑泥即可。

cooking point

煮汁煮滾至鍋邊冒泡時是轉中火的時機。南瓜可先微波加熱約1分鐘，方便切塊。

舞菇豆皮壽司

647 kcal

用甘甜的豆皮和舞菇，做出古早味壽司。
米飯中拌入大量的舞菇，
不但能降低卡路里，還能增添甜味。

材料（2人份）

舞菇…1包	壽司醋
壽司豆皮（四角）	白醋…2大匙
…5片	砂糖…1大匙
煮汁	鹽…½小匙
醬油…3大匙	白飯（溫熱）…300g（1杯）
砂糖…2大匙	白芝麻…1大匙
開水…100cc	糖醋薑片…適量

作法

1 舞菇分成小束；豆皮切半備用。

2 將豆皮用熱水汆燙約2分鐘，再用濾網撈起瀝乾水分。

3 煮汁的材料放入小鍋中，加入步驟2的豆皮，用中火煮至沸騰後，轉中小火燉煮約20分鐘。接著，取出豆皮擠乾汁液後，待其散熱。

4 舞菇放入步驟3小鍋中，煮至湯汁收乾。

5 壽司醋的材料混勻後，拌入白飯中，再拌入步驟4的舞菇、白芝麻，靜置至放涼。

6 將步驟5的壽司飯輕輕捏握整形後，塞入豆皮中，依序完成10個。最後整齊排入容器中，擺上糖醋薑片即可。

cooking point

為了不弄破豆皮，先將豆皮放在木匙上，再用木筷筷柄壓擠出汁液。

用富含大豆甜味的剩餘醬汁來燉煮舞菇，既美味又經濟實惠。

很適合
當作下酒菜

. . . .

單吃也非常好吃的配菜！
可以搭配紅酒或燒酒等喜歡的酒類，
此外，也特別推薦拌入燙青菜或沙拉中搭配喔！
為了使菇類充分入味，要確實浸泡於醬汁中，
食材要趁熱盡快泡入醬汁中進行醃漬。
法式醃漬品（marinade）只要在橄欖油中加入鹽、黑胡椒調味就可以了，
加入檸檬等增添酸味的材料，能提高香味和清爽度。
醋漬品只要將醋的種類換成水果醋或巴沙米可醋，
便能變化出更多彩多姿的口味！

法式醃漬品

使用的橄欖油不需加熱，
因此請選擇冷壓初榨橄欖油！

材料（1 包份）

杏鮑菇…100g
雪白菇…1 包
加工起司…20g
檸檬…¼ 顆
紅心橄欖…5 顆
黑橄欖…5 顆
漬汁
　初榨橄欖油
　…3 大匙
　鹽、胡椒粉
　…各少許
黑胡椒…適量

作法

1 杏鮑菇切薄片；雪白菇
切除蕈根後，撕成細絲
狀。
2 起司、檸檬切成薄片。
3 將步驟 1 的食材放入平
底鍋中，加蓋燜煮。
4 充分煮軟後，盛入容器
中，加入步驟 2 的材料
和橄欖，再加入漬汁的
材料醃漬入味。

醋漬品

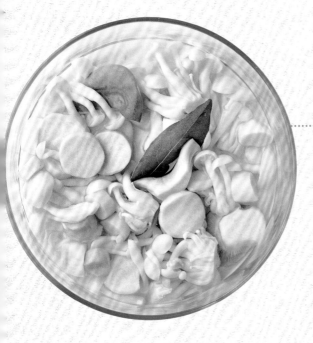

醃漬時為保有菇類原有口感而切成塊狀，
也可依喜好加入紅辣椒，調製成辛辣風味。

材料（1 包份）

杏鮑菇…100g
雪白菇…1 包
醋…6 大匙
砂糖…3 大匙
鹽…½ 大匙
月桂葉…1 片

作法

1 杏鮑菇切成圓形薄片；雪白
菇去除蕈根後，切成一口的
大小。
2 將步驟 1 的材料放入煮沸的
熱水鍋中，稍微汆燙後，撈
起瀝乾。
3 將醋、砂糖、鹽混勻後，趁
熱加入步驟 2 拌勻。
4 盛入密封容器中，放入月桂
葉浸泡入味。

cooking point

菇類汆燙後
要盡快瀝乾
水分，再趁
熱放入漬汁
中。

最喜歡的
基本料理

菇類可說是兼具美味和營養的寶庫，單吃一種就相當美味了，
若將各種菇類混合在一起料理的話，更能提升美味度。
再加上，各種菇類的味道、口感和香氣皆不同，
感受其中的差異也是品嚐菇料理的樂趣所在。
那麼，不妨好好體驗基本料理中加入菇類的美味與樂趣吧！

菇類 recipe 5

菇類總動員
大集合 recipe！

基本料理的聰明使用法

1. 做成火鍋
或是燉煮料理
享受將美味
融合在一起的樂趣

2. 不論是油炸或快炒
讓食材發揮出
本身的美味

3. 搭配白飯等
碳水化合物
美味＆份量感UP！

野菇雞肉丸子鍋

200 kcal

餐桌上，一邊丟入以薑提味的雞肉丸子，一邊享受煮火鍋的樂趣。
加入各式各樣的菇類和蔬菜，將各種食材的美味融合在一起。
依喜好加入白蘿蔔泥，即使吃到最後還能帶有清爽感。

材料（4 人份）

雞肉丸
雞絞肉…200g
鹽、胡椒粉…各少許
蛋（打散）…1 個
洋蔥（切碎）…100g
薑（磨成泥）…1 小塊
鴻喜菇…1 包
舞菇…1 包
杏鮑菇…100g
水菜…1 束
白菜…300g

湯底
開水…3 杯
醬油、味醂…各 3 大匙
白蘿蔔泥…100g

作法

1 製作雞肉丸：雞絞肉放入調理盆中，撒上
  鹽、胡椒粉抓揉均勻後，加入蛋液、洋蔥
  碎和薑泥，充分揉捏均勻。

2 鴻喜菇切除蕈根，分成小束；舞菇切成一
  口大小；杏鮑菇縱切成薄片備用。

3 水菜切成 4～5 cm段狀；白菜切成一口
  大小。

4 湯底材料放入鍋中，開中火煮滾後，將步
  驟 1 的雞肉丸捏成小球狀加入，再加入菇
  類和蔬菜。

5 煮熟後，將步驟 4 的材料連同湯汁一起盛
  入容器中，依喜好添上白蘿蔔泥即可。

cooking point

絞肉加上調味料後，要充分抓揉至有黏性，
才能展現出肉質彈性。

雞蛋要均勻打散後，再加入絞肉中。

野菇天婦羅

205 kcal

野菇天婦羅只需短時間的油炸即可，成功率 100%。

挑選喜歡的菇種，沾裏上麵衣油炸，就能完成清爽的天婦羅！

若想要品嚐菇類本身的風味，推薦沾鹽調味即可。

材料（2人份）

舞菇…1包
鴻喜菇…1包
青紫蘇葉…2片
麵衣
　　冷開水…4大匙
　　麵粉…5大匙
　　蛋液…1大匙
炸油…適量
鹽…適量
日本醋橘…1顆

作法

1　舞菇切成一口大小；鴻喜菇切除蕈根
　　後，分成小束；青紫蘇葉洗淨後擦乾
　　水份備用。
2　將冷開水、麵粉依序加入蛋液中，攪
　　拌均勻，完成麵衣。
3　將步驟1的食材沾裹上步驟2的麵衣
　　後，放入中高溫的油鍋中油炸。
4　盛盤，佐上鹽、切半的醋橘即可。

cooking point

麵衣的調配比例為蛋＋水：粉＝1：1。

日式野菜煮物

209
kcal

多種菇類搭配上根菜類，短時間內即可完成的煮物。
容易煮熟的菇類分切大塊，根菜則切小塊燉煮，
如此一來，在做另一道菜的時間內，食材便能全部入味了。

材料（2人份）

杏鮑菇…100g
鴻喜菇…1包
番薯…200g
牛蒡…100g
紅蘿蔔…50g

煮汁
| 水…2杯
| 醬油…2大匙
| 鹽…少許
豌豆莢…2條

作法

1 杏鮑菇切對半；鴻喜菇切除蕈根後，分成大束備用。

2 番薯切成1cm的圓片；牛蒡和紅蘿蔔表皮洗淨後，切
成一口大小。

3 步驟1、2的材料放入小鍋中，加入煮汁的材料，以
中火煮約10分鐘。

4 盛盤，擺上汆燙好的豌豆莢裝飾即可。

和風野菇炊飯

214 kcal

佐料多元的野菇炊飯，單吃就很豐富了。
充分發揮了菇類的好口感，即使飯量少也能有飽足感。
一次做多一點的份量冷凍保存，隨時想吃都很方便！

材料（4 人份）

米⋯2 杯
酒⋯2 大匙
醬油⋯1 大匙
鹽⋯少於 1 小匙
水⋯適量
鴻喜菇⋯1 包
舞菇⋯1 包
紅蘿蔔⋯50g
豆皮⋯1 片
豌豆莢⋯4 條

作法

1 米洗好後放入電子鍋中，加入酒、醬油和鹽，再倒水
至該份量的刻度，攪拌均勻備用。

2 鴻喜菇切除蕈根後，分成小束；舞菇切成一口大小；
紅蘿蔔切薄片。

3 豆皮汆燙約 2 分鐘，撈起後瀝乾水分，切成細條狀。

4 在步驟 1 內鍋中加入步驟 2、3 的材料，開始炊煮。

5 煮好後混合拌勻，再將鹽水汆燙過的豌豆莢切丁放上
即可。

365
kcal

紅醬野菇燴漢堡排
with 通心粉

將日式漢堡排以酸酸甜甜的番茄醬調味，
完成的燉煮料理，是大人小孩都會喜歡的柔和風味。
醬汁中加入大量的菇類，代替蔬菜配料。

材料（2人份）

漢堡排
　豬牛混合絞肉…200g
　鹽…⅓小匙
　胡椒粉…少許
　蛋液…½個份
　洋蔥（切碎）…½顆

杏鮑菇…100g
鴻喜菇…1包
水煮番茄（罐頭）…100g
水…100cc
鹽、黑胡椒…各少許
通心粉…30g
義大利香芹…少許

作法

1　將絞肉、鹽、胡椒粉放入調理盆中抓揉均
　匀後，加入蛋液混合均匀。接著加入洋蔥
　碎，移至盤中揉匀後，分成2等份，整成
　橢圓形片狀。

2　平底鍋預熱後，放入步驟1的絞肉，以中
　火煎熟兩面至金黃上色。

3　杏鮑菇縱切剖半，再切對半；鴻喜菇去除
　蕈根後，分成小束。

4　將捏碎的水煮番茄、水和步驟3的食材放
　入步驟2的平底鍋中，加蓋燜煮5～6分
　鐘，再加鹽、黑胡椒調味。

5　通心粉依包裝上的標示時間煮熟後，撈起
　瀝乾水分。

6　步驟4的漢堡排盛盤，依序放上菇類、湯
　汁和步驟5的通心粉，最後擺上義大利香
　芹即可。

紅酒燉香雞

423 kcal

用紅酒燉煮雞肉，是法國媽媽的家常料理中相當有名的。
也許看起來像是需要很多技巧的料理，
事實上備料簡單，也只需一個鍋子就能完成了！

材料（2人份）

鴻喜菇…1包　　　　杏鮑菇…100g
洋蔥…½顆　　　　　水…1杯
雞腿肉…300g　　　水煮番茄（罐頭）
調味　　　　　　　…100g
　鹽…少於1小匙　百里香…少許
　胡椒粉…適量　　鹽…少於½小匙
麵粉…適量　　　　黑胡椒…少許
紅酒…1杯

作法

1 鴻喜菇切除蕈根後切半；洋蔥切碎備用。
2 雞肉簡單切塊後，撒上調味用的鹽和胡椒粉，雞肉部分抹上麵粉。
3 平底鍋用中火燒熱後，放入步驟2的雞肉，煎至兩面金黃上色。
4 加入步驟1的洋蔥碎拌炒均勻，倒入紅酒煮滾後，再加入步驟1的鴻喜菇和整條杏鮑菇。
5 接著加入水、捏碎的水煮番茄和百里香，加蓋以中小火燜煮約15分鐘。最後以鹽、黑胡椒調味即可。

cooking point

為了不讓肉汁流出，將雞肉無皮處抹上薄薄一層麵粉。

雞肉下鍋時帶皮面朝下，煎至金黃上色後再翻面。

奶香野菇燉雞

470 kcal

利用短時間即可煮熟的菇類，再忙碌也能做出美味的雞肉料理。
雞肉炒出香氣後再加入鮮奶油，增添濃郁口感。
食用前擠上檸檬汁，略帶清爽的風味。

材料（2 人份）

雪白菇…1 包
鴻喜菇…1 包
雞腿肉…1 塊
調味
  鹽…少於 ½ 小匙
  胡椒粉…適量
鮮奶油…100cc
鹽、胡椒粉…各少於 ⅓ 小匙
檸檬…¼ 顆
羅勒葉（切末）…少許

作法

1 雪白菇和鴻喜菇切除蕈根後，
分成一口大小備用。

2 雞肉切半，撒上調味用的鹽、
胡椒粉，放入用中火燒熱的平
底鍋中，煎至兩面金黃上色。

3 將步驟 1 的材料和鮮奶油加入
平底鍋中，轉中小火燉煮，再
加入鹽、胡椒粉調味。

4 連同醬汁一起盛盤，撒上羅勒
葉末，再放上檸檬即可。

野菇咖哩飯

445
kcal

為了保留菇類爽脆的口感，做成不需燉煮的咖哩最好了。
絞肉和洋蔥炒香之後加入印度綜合香料增添香氣，
煮滾後即可完成道地的咖哩風味了。

材料（2 人份）

雪白菇…1 包
鴻喜菇…1 包
洋蔥…1 顆
絞肉…100g
薑末…20g
水…2 杯
水煮番茄（罐頭）…100g
咖哩粉…1 大匙
鹽…1 小匙
印度綜合香料（garam masala）
…適量
白飯…300g

作法

1 雪白菇和鴻喜菇切除蕈根
  後，分成一口大小。
2 洋蔥切碎備用。
3 將絞肉、步驟 2 的洋蔥和
  薑末加入平底鍋中，用中
  火拌炒後，加入水、壓碎
  的水煮番茄，煮滾。
4 再加入步驟 1 的材料，煮
  至熟軟後加入咖哩粉、鹽
  和印度綜合香料調味。
5 盛好白飯後，淋上步驟 4
  即可。

牛肉菇菇燴飯

602 kcal

在長久以來備受歡迎的西式燴飯中，加入大量菇類。
牛肉拌入番茄醬，即可調理出懷舊的家庭風味。
除了白飯之外，也可以換成奶油飯或巴西里飯。

材料（2 人份）

杏鮑菇…100g
鴻喜菇…1 包
洋蔥…1 顆
橄欖油…1 大匙
牛肉塊…100g
調味
　鹽…少許
　胡椒粉…適量
番茄醬…2 大匙
麵粉…2 大匙
紅酒…3 大匙
水…1 杯
水煮番茄（罐頭）…100g
鹽、胡椒粉…各⅔小匙
白飯…300g
醃黃瓜…適量

作法

1 杏鮑菇縱切對半，再橫切成
　4 塊；鴻喜菇切除蕈根後，
　分成小束；洋蔥逆紋切成寬
　約 1 cm 的細條狀。

2 橄欖油倒入平底鍋中，放入
　牛肉塊，開中火略拌炒後，
　撒上調味用的鹽和胡椒粉，
　再加入步驟 1 的材料，大致
　拌炒。

3 加入番茄醬，充分炒勻後，
　加入麵粉拌炒至無粉粒狀，
　完成勾芡。

4 接著將紅酒、水和壓碎的水
　煮番茄加入鍋中，煮滾後轉
　小火續煮約 5 分鐘，撒上鹽
　和胡椒粉調味。

5 盛好白飯後，淋上步驟 4，
　再擺上醃黃瓜裝飾即可。

義式野菇燉飯

370 kcal

用平底鍋從米粒燉煮成的燉飯中，
結合了切末的菇類以及保有口感的菇塊 2 種口感。
煮至米飯呈軟中帶硬的彈牙口感，再撒上起司粉，風味升級！

cooking point

材料（2 人份）

鴻喜菇…½ 包
舞菇…½ 包
橄欖油…1 大匙
洋蔥（切碎）…2 大匙
培根（切碎）…½ 片
米…1 杯
熱水…約 5 杯
起司粉…1 大匙
鹽…⅔ 小匙
胡椒粉…適量
黑胡椒…適量

作法

1 鴻喜菇切除蕈根後，與舞菇一起分成
  一口大小，從中取 ½ 量切末備用。
2 橄欖油倒入平底鍋中，放入洋蔥和培
  根，用中火拌炒，再放入步驟 1 的菇
  末，炒至熟軟。
3 加米翻炒均勻。
4 倒入熱水，煮滾後加入步驟 1 剩下的
  菇塊，續煮約 15 分鐘。途中若水量
  偏少，就再另外倒入熱水。
5 關火後撒上起司粉、鹽和胡椒粉調味
  即可。也可依喜好加上適量橄欖油和
  黑胡椒。

用小火慢慢將香味炒出來。

加水至蓋過食材後，再放入切
成一口大小的菇塊。

好菇道的菇類製作過程

HOKTO 提倡安全安心又美味的好菇道，
我們追蹤了日本當地鴻喜菇、雪白菇、杏鮑菇和舞菇的完整製程，
發現到全年都能品嚐到美味菇類的秘密在於完整設備的自動化工廠中，
完全不使用農藥和添加物的狀態下，完成安心安全的培育！

菌種接種

為了不摻入任何雜菌，菇類的
菌種移植都在無菌室中進行。

培土製造

使用了玉米梗、米糠、麥麩等
100%天然植物原料，加水混合
製成菇類的培養
基質。

玉米梗（非基因改造）

米糠　　　　麥麩

培養

為了增加菇類的菌種，將培育室
重現為能使菌絲大量繁殖的夏天
森林環境中，並維持一段期間。
不同的菇種，其適合的環境也會
有所差異。

培土分裝

培土填裝至培養瓶
中保存。

殺菌

使用高溫殺菌爐殺
菌及冷卻。

菇類的生長過程

植入菌種

將培養瓶表面廣泛增生分佈的白色菌絲予以刺激，誘發出菇。

搔菌

收成

以專門機械收成。

包裝

秤重後，將新鮮的菇類直接快速包裝起來。

發芽

將培養瓶移至容易出菇的環境室，使其發芽、成叢。

生長

將菇類移至與秋天森林和自然環境相似的生長室中，比較容易生長。室內的氧氣、溫度、濕度和光照等皆經過嚴格控管，讓菇類的長度、品質皆能一致。

❶

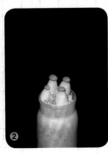
❷

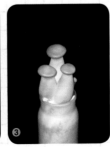
❸

❹

Profile

浜內千波 (Chinami Hamauchi)

料理研究家，也是「Family Cooking Studio」料理教室的主持人。活躍於電視、雜誌、電子雜誌、演講、食譜開發等多方面領域。以「想好好傳達家庭料理的精髓」為基礎，從料理至生活型態上提出了各式各樣的提案。特別是活用自己瘦身的經驗，來提案各種低卡料理或健康料理。一次又一次發想出充滿創意的食譜，再加上電視上親切開朗的形象使她備受歡迎。著有《トマト缶ってすごい！ 赤の魔法レシピ57》（辰巳出版）、《レンジですぐうま！ 朝昼晩の冷凍うどん》、《元氣とキレイをつくるキウイレシピ》（日東書院本社）等書籍。

staff

作者 ■ 浜內千波
編輯 ■ 彭怡華
譯者 ■ 李致瑩
潤稿校對 ■ Bonnie
排版完稿 ■ 菩薩蠻數位文化有限公司

樂健康 28

活菌好菇做的美麗健康料理
きのこで毎日 菌活レシピ

總編輯　　林少屏
出版發行　邦聯文化事業有限公司　睿其書房
地址　　　台北市中正區三元街172巷1弄1號
電話　　　02-23097610
傳真　　　02-23326531
電郵　　　united.culture@msa.hinet.net
網站　　　www.ucbook.com.tw
郵政劃撥　19054289邦聯文化事業有限公司
製版　　　彩峰造藝印像股份有限公司
印刷　　　皇甫彩藝印刷股份有限公司
出版　　　2014年11月初版
港澳總經銷　泛華發行代理有限公司
　　　　　　電話：852-27982220
　　　　　　傳真：852-27965471
　　　　　　E-mail：gccd@singtaonewscorp.com

國家圖書館出版品預行編目資料

活菌好菇做的美麗健康料理 / 浜內千波著；李致瑩譯.
－初版 .－臺北市：睿其書房出版：邦聯文化發行，
2014.11
96 面；18.5*26 公分 .－（樂健康；28）
譯自：きのこで毎日 菌活レシピ
ISBN 978-986-5944-80-3（平裝）

1. 食譜　2. 菇菌類

427.1　　　　　　　　　　　　　103019086

KINOKO DE MAINICHI KINKATSU RECIPE
by Chinami Hamauchi
Copyright © Chinami Hamauchi, Nitto Shoin
Honsha Co., Ltd. 2013

All rights reserved.
Original Japanese edition published by Nitto
Shoin Honsha Co., Ltd.

This Traditional Chinese language edition is
published by arrangement with
Nitto Shoin Honsha Co., Ltd., Tokyo in care of
Tuttle-Mori Agency, Inc., Tokyo
through Future View Technology Ltd., Taipei